Die in den Sitzungsberichten Abtlg. I und Abtlg. II der math.-nat. Klasse der Österr. Ak. d. Wiss. erscheinenden Abhandlungen werden auch einzeln abgegeben. Sie können durch jede Buchhandlung oder direkt durch die Auslieferungsstelle der Österreichischen Akademie der Wissenschaften (Wien I, Singerstraße 12) bezogen werden.

Nachfolgende Abhandlungen aus dem Fach der **Zoologie** sind erschienen:

1959 (S I Bd. 168):

Löffler Heinz: Zur Limnologie. Entomostraken- und Rotatorienfauna des Seewinkelgebietes (Burgenland, Österreich) (mit 5 Textabbildungen und 4 Tafeln). S 60.20

Remaudière Georges: Zoologisch-systematische Ergebnisse der Studienreise von H. Janetschek und W. Steiner in die spanische Sierra Nevada 1954. XI. Homoptera, Aphidoidea (mit 12 Textabbildungen). S 9.70

Schubart Otto: Zoologisch-systematische Ergebnisse der Studienreise von H. Janetschek und W. Steiner in die spanische Sierra Nevada 1954. XII. Diplopoda (mit 9 Textabbildungen). S 16.50

Schuster Reinhart: Ökologisch-faunistische Untersuchungen an den bodenbewohnenden Kleinarthropoden (speziell Oribatiden) des Salzlachengebietes im Seewinkel (mit 6 Textabbildungen). S 45.40

Steiner Walter: Zoologisch-systematische Ergebnisse der Studienreise von H. Janetschek und W. Steiner in die spanische Sierra Nevada 1954. X. Springschwänze (Collembola) (mit 5 Textabbildungen). S 12.90

Wettstein-Westersheimb Otto: Die alpinen Erdmäuse. S 10.—

1960 (S I Bd. 169):

Abel W.: Biophysikalische Gesetzmäßigkeiten am Vogelei (Das Aktivstufengesetz und Energiegesetz) (mit 20 Abbildungen, davon 2 Abbildungen auf 1 Tafel). S 60.—

Nemenz H.: Experimente zur Ionenregulation der Larve von Ephydra cinerea Jones (Dipt.) (mit 7 Textabbildungen). S 20.30

Viets O. Kurt: Kleine Sammlungen von Wassermilben (Hydrachnellae und Porohalacaridae aus Österreich (mit 9 Textabbildungen). S 17.—

1961 (S I Bd. 170):

Abel E. F., Über die Beziehungen mariner Fische zu Hartbodenstrukturen (mit 5 Textabbildungen). S 170—24, S 47.—

Eiselt Josef, Neubeschreibungen und Revision siphonostomer Cyclopoiden (Copepoda, Crust.) von der südlichen Hemisphäre nebst Bemerkungen über die Familie Artotrogidae Brady 1880 (mit 18 Textabbildungen). S 170—29, S 82.—

Gozmány L., Zoologische Ergebnisse der Mazedonienreisen Friedrich Kasys. III. Teil: Lepidoptera: Gelechiidae. Eine neue Art der Gattung Eremica (mit 1 Textabbildung). S 170—28, S 5.—

Hannemann H. J., Zoologische Ergebnisse der Mazedonienreisen Friedrich Kasys. II. Teil: Lepidoptera: Scythridae (mit 4 Textabbildungen). S 170—27, S 8.—

Petrovitz Rudolf, Zoologische Ergebnisse der Österreichischen Karakorum-Expedition 1958. II. Teil: Coleoptera: Scarabaeidae (mit 12 Textabbildungen). S 170—5, S 17.90

Starmühlner Ferdinand, Eine kleine Molluskenausbeute aus Nord- und Ostiran (mit 1 Textabbildung und 2 Tafeln). S 170—4, S 14.70

Toll Sergiusz, Zoologische Ergebnisse der Mazedonienreisen Friedrich Kasys. I. Teil: Lepidoptera: Choleophoridae (mit 54 Textabbildungen und 1 Tafel). S 170—26, S 33.—

1962 (S I Bd. 171):

Beier Max, Zoologische Studien in West-Griechenland. X. Teil. Walter Klemm, Die Gehäuseschnecken (mit 1 Kartenskizze, 2 Abbildungen und 4 Tafeln) 171—7, S 55.—

Schedl Wolfgang Ein Beitrag zur Kenntnis der Pilzübertragungsweise bei xylomycetophagen Scolytiden (Coleoptera) (mit 16 Abbildungen) 171—19, S 39.—

ISBN 978-3-662-23510-2 ISBN 978-3-662-25581-0 (eBook)
DOI 10.1007/978-3-662-25581-0

Histologischer Bau und ontogenetische Veränderungen des Zentralnervensystems einiger ägyptischer Landpulmonaten

Von MOHAMED ELWI ABD-EL-HAMID

(Zoology Department, Faculty of Sience of the University of Alexandria)

Mit 2 Tafeln und 9 Tabellen

(vorgelegt in der Sitzung am 24. Jänner 1964)

In einer früheren Arbeit (ABD-EL-HAMID 1958) wurden 12 vorwiegend aus Mitteleuropa stammende Landschnecken untersucht. Der vorliegende Beitrag behandelt fünf ägyptische Arten in der Absicht, Unterschiede im Aufbau und der ontogenetischen Entwicklung des Zentralnervensystems festzustellen.

Herrn Prof. Dr. W. KÜHNELT, Vorstand des II. Zoologischen Instituts der Universität Wien, bin ich für die Bestimmung des Materials und für freundliche Hinweise zu herzlichem Dank verpflichtet.

Material und Methoden

Folgende Vertreter der stylomatophoren Schnecken wurden untersucht:

I. Familie Helicidae:

A. Unterfamilie Helicinae:

1. *Eremina hasselquisti* EHRBG., eine Wüstenschnecke (Ägypten)
2. *Euparypha pisana* MÜLL., eine Gartenschnecke (Ägypten)
3. *Macularia vermiculata* MÜLL., eine Gartenschnecke (Ägypten)

B. Unterfamilie Helicodontinae:

4. *Gonostoma lenticula* Fèr. (Fundort: Wüstenstraße Alexandria—Kairo, Ägypten)

II. Familie Stenogyridae:

5. *Stenogyra decollata* L. (Fundort: Umgebung Borg-el-Arab, Ägypten)

Es wurden sowohl Juvenilstadien als auch adulte Individuen von Schnecken benötigt, um die verschiedenen Veränderungen der Nervenzellen des Zentralnervensystems festzustellen und wie diese mit der verschiedenen Größe der Tiere zusammenhängen.

Die Längen- und Breitenmessungen sowie die Volumsbestimmungen erfolgten nach der Methode von ABD-EL-HAMID (1958). Die Tiere wurden nach der Methode von BÄCKER (1902, 1932) abgetötet. Da die Tiere nicht immer vollständig ausgebreitet waren, wurde das Verfahren einige Male wiederholt, damit eine vollständige Streckung der Tiere erreicht wird. Zur Fixierung wurden Bouin, Zenker und Susa (nach HEIDENHAIN) verwendet. Die Entfernung der Schalen wurde mit bestem Erfolg nach der Methode von ABD-EL-HAMID (1959) erreicht, ebenso mußte die Radula jedes Individuums herausgenommen werden, um zu brauchbaren Paraffinschnitten zu gelangen. Als Färbemittel dienten Eosin-Hämatoxylin (nach DELAFIELD), Malory und Eosin-Hämalaun.

Im folgenden soll unsere Kenntnis vom Nervensystem der Landschnecken durch einen Beitrag zum Studium der Makro- und Mikromorphologie der Hauptnervenzentren ergänzt werden.

Makromorphologie des Nervensystems

Die ganze Nervenmasse (Nervenfasern und Ganglien) liegt am vorderen retraktilen Abschnitt der Schnecke. Bei der Benennung der verschiedenen Ganglien hält sich der Verfasser an die Terminologie von BÄCKER (1932).

Mit Ausnahme der Buccalganglien bilden die Ganglien mit ihren Kommissuren und Konnektiven einen vollkommenen Nervenring um den Ösophagus. Die Buccalganglien liegen vorne beiderseits des Pharynx und sind mit dem Nervenring verbunden, die Cerebralganglien liegen über dem Ösophagus, während sich der viscerale Ganglienkomplex unter ihm befindet, die Pedalganglien sind horizontal und ebenfalls unter dem Ösophagus gelegen.

Das Cerebralganglion besteht aus zwei Hälften, deren rechte gewöhnlich etwas größer ist. Das ganze Ganglion sowie die aus ihm abgehenden Nervenfortsätze sind, unter dem Binokular betrachtet, anliegend bedeckt von einer Kapsel aus Bindegewebe, diese Kapsel ist an der Verbindungsstelle der beiden Ganglienhälften besonders dick. Mikroskopische Präparate von sehr jungen Schnecken zeigen, daß dort die Kapselschicht noch wenig entwickelt ist.

Die viscerale Ganglienmasse stellt einen Komplex von 5 Ganglien dar, die ebenfalls von einer bindegewebigen Kapsel umgeben sind: Die äußeren zwei sind die pleuralen, die inneren die parietalen Ganglien und das mittlere ist das Visceralganglion. Letzteres wurde von SIMORTH (1908, 1914) als Abdominalganglion bezeichnet.

Das Pedalganglion besteht aus zwei gleichen Teilen, die durch eine dorsale und eine ventrale Kommissur verbunden sind, die Statocysten liegen ihm unmittelbar an, werden aber vom Cerebralganglion innerviert.

Mikromorphologie des Nervensystems

Das Cerebralganglion: Bei der Arbeit von BÖHMIG (1883) handelt es sich um einfache Zellstudien ohne Angabe ihrer Topographie und Anordnung. Er unterteilte das Ganglion in drei Abschnitte. HALLER (1910) benannte die drei Teile als hinteren, mittleren und vorderen Ganglienabschnitt im Zusammenhang mit ihrer Lage. Diese Nomenklatur erwies sich als unanwendbar, weil sich die Ganglienpaare je nach dem Grad der Kontraktion der Schnecke völlig verschieben, deshalb ist es ratsam, die Terminologie von KUNZE (1917) für das Cerebralganglion zu gebrauchen.

Das Protocerebrum hat die Form eines abgestumpften Kegels, der mit seiner breiten Grundfläche der übrigen Ganglionmasse ansitzt, es gehen von ihm keine Nervenfasern ab, soweit es hier an den fünf Schneckenarten untersucht wurde. Dasselbe Resultat hat sich bei der Untersuchung von 12 verschiedenen Landschnecken aus Österreich ergeben. HALLER (1910), SCHMALZ (1914) und KUNZE (1917, 1918, 1921) bestätigen dieselbe Tatsache. Dieser Teil des Cerebralganglions ist von den übrigen Teilen deutlich durch die charakteristische Lage der Zellkerne und der Punktsubstanz unterschieden, beide liegen parallel zueinander, die Zellkerne haben eine halbmondförmige Gestalt und sind die kleinsten des ganzen Ganglions. Serienschnitte im Raume des Protocerebrums zeigen keine Nervenverbindungen zwischen den Nervenzellen oder zwischen ihnen und der Punktsubstanz ganz in Übereinstimmung mit den Ergebnissen von KUNZE (1921). Eine Differenzierung der Nervenzellen in drei Typen trifft hier nicht zu ABD-EL-HAMID (1958). Alle Zellen sind hier klein (5—6 Mikron). Die Punktsubstanz wird hier von einer Fülle von Nervenfaserquerschnitten (eine vollkommen homogene Masse) gebildet. Bei jungen Individuen ist das Protocerebrum der vorherrschende Teil des Schneckengehirnes, seine Zellen sind fest aneinandergefügt und weisen dazwischen wenig Punktsubstanz auf. Dieser Umstand unterstützt die Annahmen, daß dieser Teil des Cerebralganglions in der embryologischen Entwicklung zuerst auftritt ABD-EL-HAMID (1959).

Das Mesocerebrum stellt den kleinsten Teil des Gehirnes dar, es enthält nur Nervenzellen ohne einer Spur von Punktsubstanz. Nervenfasern verlassen diesen Gehirnabschnitt nicht. Der Abstand zwischen den beiden Loben des paarigen Mesocerebrums ist bei *Eremina hasselquisti* sehr kurz, etwas weiter bei *Euparypha pisana*, *Gonostoma lenticula* und *Macularia vermiculata*, am weitesten bei *Stenogyra decollata*. Die drei Nervenzellentypen sind in diesem Gehirnabschnitt leicht zu erkennen. Die Kerne des ersten Zelltypus haben einen Durchmesser von ca. 34 Mikron, die des zweiten ca. 16 Mikron und die des dritten ca. 5 Mikron. Serienschnitte zeigen relativ große Kerne im dorsalen Teil des Frontalabschnittes, während bei etwas tieferen Schnitten mittlere und kleine Kerne zu sehen sind. Das Mesocerebrum zeigt bei jungen Schnecken eine Gruppe von großen Nervenzellen, die an der Oberseite des Metacerebrums angelagert sind und einen Teil dessen bilden. Diese Tatsache bekräftigt die Annahme, daß es sich hier um einen spezialisierten Teil des Metacerebrums handelt ABD-EL-HAMID (1958). Der Ansicht ist auch KUNZE (1917): „Mithin sind die Mesocerebra nichts anderes als verschobene Teile der metacerebralen Zellrinde . . .“ Meine Ergebnisse werden auch von der Tatsache unterstützt, daß dem Mesocerebrum eine Punktsubstanz sogar bei den adulten Individuen fehlt. Das Metacerebrum besitzt die größten Nervenzellen von allen Nervenzentren und ist von den anderen beiden Gehirnteilen durch die Art der Anordnung der Nervenzellen und der Punktsubstanz strukturell unterscheidbar. Letztere liegt in zentraler Position und wird von einer Rindenschicht aus Nervenzellen umgeben, außerdem erscheint sie inhomogen deshalb, weil zu ihr starke Nervenzellenfortsätze gehören. Die Nervenzellen variieren hier sehr in ihrer Größe, die großen Zellen liegen außen an der Peripherie der Rindenschichte und werden gegen das Zentrum zu kleiner. Bei allen der fünf untersuchten Arten weist das Metacerebrum eine Unterteilung in 3 Loben auf: Der Kommissural-, der Pleural- und der Pedallobus.

Der Kommissurallobus wurde von HALLER (1913) als ein motorischer Teil angesehen, was nach dem Vorhandensein von großen Nervenzellen wahr zu sein scheint, manchmal erreichen sie einen Durchmesser von 85 Mikron.

Der Pleurallobus hat etwas kleinere Nervenzellen, die durch gleiche Größe und kleinere Kerne charakterisiert sind, die Kerne messen 10—21 Mikron im Durchmesser.

Der Pedallobus enthält nur kleine, dicht aneinandergefügte Nervenzellen, deren Kerne ungefähr 6—8 Mikron stark sind. Im Gegensatz zum Pedallobus ist der Pleurallobus reich an großen Zellen. Wegen der Ähnlichkeit der beiden Loben wurden sie auch von einigen Autoren als ein einziger Abschnitt angesehen HALLER (1913).

Das Metacerebrum kann als der spezialisierteste und am besten entwickelte Teil des Schneckengehirnes betrachtet werden KUNZE (1921), ABD-EL-HAMID (1958).

Die Pleuralganglien sind die äußersten Teile des Visceralnervenkomplexes und sind bei verschiedenen Tieren niemals gleich, außerdem übertrifft größenmäßig das rechte das linke. Das Pleuralganglion besteht aus einer zentralen, homogenen Punktsubstanz, die von einer in Querschnitten halbmondförmig aussehenden Rindenschicht umgeben ist. Durch ein Pleuro-Pedal-Konnektiv sind Pleural- und Pedalganglion verbunden. Die Zellkerngröße ist beinahe einheitlich vom Typus II (d. h. zwischen 10—18 Mikron im Durchmesser).

Die beiden Parietalganglien liegen etwas unterhalb zwischen den Pleuralganglien, das linke vom Visceralganglion immer getrennt und nicht verschmolzen wie BÖHMIG (1883) und SCHULZE (1879) behaupten. IHERING (1875—1877) gibt in einer Arbeit über das Nervensystem von *Stenogyra decollata* ein akzessorisches Parietalganglion auf der linken Seite an, das die Anzahl der Eingeweideganglien auf 6 erhöhen würde. Nach SIMROTH (1910, p. 255) besteht der Eingeweideganglienkomplex bei Stenogyra aus 5 von einander getrennten Ganglien. BARGMANN (1930), der sich auch mit Stenogyra befaßte, verneint das Vorhandensein eines 6. Eingeweideganglions (gemeint ist das 2. linke akzessorische Parietalganglion von IHERING). Letzteres konnte auch ich bei den von mir untersuchten Schneckenarten nie feststellen. Die Punktsubstanz ist gewöhnlich von einer Nervenzellenrindenschicht umgeben, ausgenommen an der Ventralseite, wo die Verbindung der beiden Loben durch das Visceralganglion hergestellt wird. Die Nervenzellen sind deutlich in 3 Typen differenziert.

Das Visceralganglion liegt immer etwas tiefer als die anderen vier, genauer an der unteren Ecke eines auf die Spitze gestellten Dreiecks, das die Form des ganzen Eingeweideganglienkomplexes darstellt. Die histologische Struktur ist ähnlich den oben erwähnten Ganglien, nur fehlt die Rindenschicht auf seiner Rückseite wegen der Nervenverbindung mit den beiden Parietalganglien. Die Größe dieses Ganglions übertrifft die des rechten Parietalganglions bei *Eremina hasselquisti* und *Macularia vermiculata*. Bei *Euparypha pisana* und *Gonostoma lenticula* ist es ebenso groß wie das linke Parietalganglion, bei *Stenogyra decollata* ist es kleiner als das rechte Parietalganglion, das bei dieser Schnecke das größte der Eingeweideganglien darstellt. Der Eingeweideganglienkomplex bei juvenilen Schnecken weist keine Segmentierung in getrennte Ganglien auf, die ganze Masse wird von einer dünnen Schicht von Bindegewebe umgeben, wie das KUNZE (1921, p. 70, 76) klar zeigt.

Die beiden gleichartigen Pedalganglien werden durch eine dorsale und eine ventrale Querkommissur verbunden und versorgen den Fuß mit Nerven. Die histologische Struktur dieser Ganglien läßt eine zentrale, homogene Punktsubstanz erkennen, die von einer Nervenzellenrindenschicht umgeben ist. Eine Differenzierung der Nervenzellen ist auch hier sichtbar.

Die beiden gleichartigen Buccalganglien sind über dem Pharynx durch eine kräftige Kommissur verbunden. Die Zelldifferenzierung ist sehr deutlich und ähnelt sehr der des Visceralganglions. Um detaillierte Messungen der verschiedenen Zelltypen in den einzelnen Nervenzentren zu vergleichen, wird der Leser auf die Tabellen im Textanhang verwiesen.

Die Nervenzellen: Die Nervenzellen der Schnecken wurden lange Zeit als die größten überhaupt angesehen: DE NABIAS (1883, 1894) untersuchte die Opistobranchie *Aplysia leporina*, LEGENDRE (1908, 1909) Doris und Helix und ERHARD (1912) speziell *Helix pomatia*.

ERHARD (1912) war der erste, der die Aufmerksamkeit auf die Tatsache lenkte, daß sich die Zellen durch Wasseraufnahme vergrößern und das dies wahrscheinlich eine Fehlerquelle für die Beurteilung der absoluten Größe der Nervenzellen der Schnecken sei, weil sie besonders geeignet sind, Wasser aufzunehmen. Um jeden Fehler bei Zellmessungen zu vermeiden, zog ich es vor, anstatt der Zellen die Kerne zu messen in Anbetracht dessen, daß das Verhältnis zwischen der Zelle und seinem Kern noch weiter besteht. Ich habe die Nervenzellen nach der Größe des Kernes in 3 Hauptgruppen eingeteilt: Die großen Zellen als Typus I, die

Tabelle 1

Species	Volumen des Tieres in mm³	Type	Durchmesser der Zellkerne			
			Cerebral-ganglion in Mikron	Buccal-ganglion in Mikron	Visceral-ganglion in Mikron	Pedal-ganglion in Mikron
Eremina hasselquisti	2406,2	I	35	52	54,02	44
		II	20	34,01	32,55	24,02
		III	8,20	12,50	13,80	10,8
Euparypha pisana	1020,6	I	22,40	32,72	33,84	42,41
		II	13,66	20,22	21,00	21,42
		III	7,6	11,75	12,15	12,80
Gonostoma lenticula	131,2	I	12,6	26,80	24,60	16,5
		II	8,1	14,80	16,50	11,6
		III	6,2	10,02	9,8	8,4
Macularia vermiculata	428,8	I	36,1	48,50	48,50	45,37
		II	18,2	28,80	28,80	22,30
		III	6,75	13,50	13,50	10,80
Stenogyra decollata	1402,0	I	25,00	26,67	28,06	29,15
		II	14,00	20,02	18,45	19,60
		III	7,62	13,01	10,80	8,30

Tabelle 2

Species	Volumen des Tieres in mm³	Cerebralganglion Anzahl der Nervenzellen einer Ganglienhälfte					Pedalganglion Anzahl der Nervenzellen einer Ganglienhälfte				
		Type I	Type II	Type III	Total	im Durchschnitt	Type I	Type II	Type III	Total	im Durchschnitt
Eremina	38,4	83	212	24.508	24.803	25.106	198	789	7.983	8.970	9.106
hasselquisti	2406,2	98	292	25.020	25.410		248	894	8.100	9.242	
Euparypha	39,9	62	200	14.631	14.893	15.099	129	602	4.001	4.732	4.770
pisana	1020,6	78	300	14.927	15.305		143	674	3.992	4.809	
Gonostoma	20,6	69	199	6.021	6.289	6.687	98	397	2.360	2.855	2.842
lenticula	131,2	71	235	6.780	7.086		102	428	2.300	2.830	
Macularia	60,2	58	136	9.013	9.207	9.630	38	175	4.983	5.191	5.212
vermiculata	428,8	49	192	9.812	10.053		43	188	5.003	5.234	
Stenogyra	28,1	48	301	21.988	22.337	22.375	38	141	6.899	6.378	6.388
decollata	402,0	42	272	22.100	22.414		36	159	7.103	6.298	

Tabelle 3

Eremina hasselquisti

	Cerebralganglion			Pedalganglion		
Länge der Schnecke in mm	4	7	23	4	7	23
Volumen der Schnecke in mm^3	38,4	98,6	2.406,2	38,4	98,6	2.406,2
Type I Durchmesser des Zellkernes in Mikron	18,2	20,8	34,6	18,9	26	48
Type I Volumen des Zellkernes in $Mikron^3$	3.160,32	4.701,931	21.642,85	3.511,81	9.183,48	57.784,32
Type II Durchmesser des Zellkernes in Mikron	12,15	12,60	16,20	12,15	16,20	24,30
Type II Volumen des Zellkernes in $Mikron^3$	955,67	1.045,19	2.248,09	955,67	2.248,09	7.529,54
Type III Durchmesser des Zellkernes in Mikron	5,4	6,75	6,75	6,75	8,1	10,80
Type III Volumen des Zellkernes in $Mikron^3$	82,88	164,57	164,57	164,57	279,73	658,50

Tabelle 4

Euparypha pisana

	Cerebralganglion					Buccalganglion				
Länge der Schnecke in mm	4	6	10	15	17	4	6	10	15	17
Volumen der Schnecke in mm³	39,9	64,2	690,2	810,0	1.020,6	39,9	64,2	690,2	810,0	1.020,6
Type I Durchmesser des Zellkernes in Mikron	12,15	18,225	20,25	21,60	24,30	23,635	25,65	29,70	31,725	31,725
Type I Volumen des Zellkernes in Mikron³	955,67	3.176,52	4.410,94	5.268,02	7.529,54	6.859,00	8.869,74	13.824,00	17.173,50	17.173,500
Type II Durchmesser des Zellkernes in Mikron	7,83	10,01	12,15	13,66	14,54	16,74	17,55	17,55	18,22	18,60
Type II Volumen des Zellkernes in Mikron³	250,05	522,50	955,67	1.331,0	1.685,16	2.460,38	2.863,29	2.863,29	3.176,52	3.376,80
Type III Durchmesser des Zellkernes in Mikron	5,4	6,75	7,02	7,42	7,42	8,1	10,31	10,80	11,74	12,15
Type III Volumen des Zellkernes in Mikron³	82,88	164,57	180,36	214,92	214,92	279,73	571,79	658,50	830,58	955,67

Tabelle 5

Euparypha pisana

	Visceralganglion					Pedalganglion				
Länge der Schnecke in mm	4	6	10	15	17	4	6	10	15	17
Volumen der Schnecke in mm^3	39,9	64,2	690,2	810,0	1.020,6	39,9	64,2	690,2	810,0	1.020,6
Type I Durchmesser des Zellkernes in Mikron	26,6	29,70	35,72	38,07	42,12	16,20	25,65	31,72	35,72	44,01
Type I Volumen des Zellkernes in $Mikron^3$	9.800,34	13.824,0	23.887,9	28.652,6	38.614,5	2.248,09	8.869,74	17.173,5	23.887,9	44.738,9
Type II Durchmesser des Zellkernes in Mikron	14,85	17,55	21,00	24,97	29,70	12,15	14,85	16,2	17,55	21,60
Type II Volumen des Zellkernes in $Mikron^3$	1.728,00	2.863,29	4.826,81	8.242,41	13.824,00	955,67	1.728,00	2.248,09	2.863,29	5.268,02
Type III Durchmesser des Zellkernes in Mikron	8,1	9,45	10,8	11,47	12,15	7,42	8,77	9,45	9,78	12,69
Type III Volumen des Zellkernes in $Mikron^3$	279,73	442,45	658,80	804,36	955,67	214,92	357,91	442,45	508,20	1.061,21

Tabelle 6

Macularia vermiculata

	Cerebralganglion						
Länge der Schnecke in mm	7	8	10	11	12	18	22
Volumen der Schnecke in mm^3	60,2	75,8	103,6	128,2	180,8	302,4	428,8
Type I Durchmesser des Zellkernes in Mikron	12,15	13,50	14,85	16,20	18,5	21,6	22,41
Type I Volumen des Zellkernes in $Mikron^3$	955,67	1295,03	1728,00	2248,09	3511,81	5268,02	5929,74
Type II Durchmesser des Zellkernes in Mikron	10,31	10,53	10,8	10,8	11,74	12,69	13,50
Type II Volumen des Zellkernes in $Mikron^3$	571,79	614,125	658,50	658,50	830,58	1061,21	1295,03
Type III Durchmesser des Zellkernes in Mikron	6,21	6,77	7,02	7,56	7,99	9,45	10,8
Type III Volumen des Zellkernes in $Mikron^3$	125,00	161,88	180,36	226,98	268,34	442,45	658,50

Macularia vermiculata **Tabelle 7**

	Pedalganglion						
Länge der Schnecke in mm	7	8	10	11	12	18	22
Volumen der Schnecke in mm³	60,2	75,8	103,6	128,2	180,8	302,4	428,8
Type I Durchmesser des Zellkernes in Mikron	18,50	19,83	22,01	22,80	23,02	26,06	28,01
Type I Volumen des Zellkernes in Mikron³	3.308,274	4.080,480	5.563,58	6.192,85	6.357,25	9.183,46	11.469,92
Type II Durchmesser des Zellkernes in Mikron	14,84	15,25	18,4	18,6	19,75	20,01	20,01
Type II Volumen des Zellkernes in Mikron³	1.685,16	1.856,734	3.254,915	3.362,212	4.031,318	4.180,00	4.180,00
Type III Durchmesser des Zellkernes in Mikron	9,65	10,01	10,80	11,20	12,25	12,25	12,25
Type III Volumen des Zellkernes in Mikron³	465,169	522,50	658,80	734,074	962,847	962,847	962,847

Tabelle 8

Gonostoma lenticula

	Cerebralganglion					Pedalganglion				
Länge der Schnecke in mm	2	3	4	7	11	2	3	4	7	11
Volumen der Schnecke in mm³	20,6	31,8	45,3	80,2	131,2	20,6	31,8	45,3	80,2	131,2
Type I Durchmesser des Zellkernes in Mikron	9,45	9,45	9,45	9,45	10,8	9,45	9,45	9,45	11,475	13,50
Type I Volumen des Zellkernes in Mikron³	442,45	442,45	442,45	442,45	658,50	442,45	442,45	442,45	804,36	1295,03
Type II Durchmesser des Zellkernes in Mikron	6,75	6,75	8,1	6,75	6,75	8,1	7,83	6,75	8,1	7,83
Type II Volumen des Zellkernes in Mikron³	164,57	164,57	279,73	164,57	164,57	279,73	250,05	164,57	279,73	250,05
Type III Durchmesser des Zellkernes in Mikron	5,4	5,4	5,4	5,4	5,4	5,4	5,4	5,4	5,4	5,4
Type III Volumen des Zellkernes in Mikron³	82,88	82,88	82,88	82,88	82,88	82,88	82,88	82,88	82,88	82,88

Tabelle 9

Stenogyra decollata

	Cerebralganglion					Pedalganglion				
Länge der Schnecke in mm	6	7	8	16	36	6	7	8	16	36
Volumen der Schnecke in mm³	28,1	36,8	61,2	383,1	1.402,0	28,1	36,8	61,2	383,1	1.402,0
Type I Durchmesser des Zellkernes in Mikron	18,00	17,25	19,20	22,04	26,00	12,25	12,50	14,25	22,80	26,8
Type I Volumen des Zellkernes in Mikron³	3.047,22	2.686,635	3.698,196	5.563,58	9.183,46	962,847	1.020,50	1.515,112	6.192,853	10.057,751
Type II Durchmesser des Zellkernes in Mikron	12,15	11,75	12,02	12,15	14,05	8,50	9,45	9,45	12,15	16,74
Type II Volumen des Zellkernes in Mikron³	955,67	845,455	907,401	955,67	1.442,90	320,880	442,45	442,45	955,67	2.460,38
Type III Durchmesser des Zellkernes in Mikron	6,75	6,50	6,75	7,25	7,25	6,50	7,25	7,25	7,75	8,40
Type III Volumen des Zellkernes in Mikron³	164,57	143,49	164,57	199,99	199,99	143,49	199,99	199,99	244,15	309,687

mittelgroßen als Typus II und die kleinen als Typus III. Die 3 Zelltypen zeigen Unterschiede bei den verschiedenen Arten, die Tabelle 1 gibt für 4 Nervenzentren die Zellkerndurchmesser in Mikron an. Diese Angaben gelten für erwachsene Schnecken, für die von jungen und mittelgroßen Individuen wird der Leser auf die Tabellen 3—9 verwiesen.

Die in diesen Tabellen angegebenen Werte der Zelltypen stellen in jedem Falle Durchschnittsmessungen (mindestens von 20 Kernen) dar. Vergleicht man die Angaben in Tabelle 1, so kann abgelesen werden, daß die Größe der Nervenzellen zu einer bestimmten Größe der Schnecke in Wechselbeziehung steht; Vertreter derselben Familie veranschaulichen diese Tatsache, so besitzt z. B. *Gonostoma lenticula* mit einer Maximalgröße von 131,2 mm³ (Tabelle 8) kleine Nervenzellen verglichen mit denen von *Eremina hasselquisti*, die bei einem Körpervolumen von 2406,2 mm³ (Tabelle 3) sehr große Nervenzellen aufweist. *Euparypha pisana* nimmt mit mittelgroßen Nervenzellen eine Mittelstellung ein, ihr Körpervolumen erreicht dabei nur 1020,6 mm³ (Tabelle 4). Studiert man jede Tabelle gesondert, so kann man die Tatsache ableiten, daß innerhalb derselben Art das Anwachsen der Nervenzellengröße genau der Zunahme des Volumens der Schnecke parallel geht (Fig. II) (Abd-el-Hamid [1959] bei Landschnecken), was mit den Ergebnissen von Clark (1957) an Polychaeten übereinstimmt. Fig. I zeigt das Anwachsen der Nervenzellenanzahl mit der Zunahme des Schneckenvolumens, wobei die Zellen des halben Ganglions von Cerebral- und Pedalganglion gezählt wurden.

Morphologie des Zellkernes: Die Form des Kernes ist allgemein nahezu kugelförmig. Eine Kernteilung konnte in keinem der Präparate festgestellt werden. Die Mehrheit der Nervenzellen ist unipolar. Kernfortsätze wurden nicht angetroffen, wie das auch McClure (1897) und andere Autoren aussagten. Bäcker (1932) behauptet, daß die von einigen Autoren gesehenen Kernfortsätze nichts anderes als Artefakte seien, die durch unvollständige Fixierung oder sonst schlechte Technik erhalten wurden.

Die Kernmembran fand ich bei chromatischen (= kleine) Zellen immer gut ausgebildet, aber sie ist bei den großen Zellen überhaupt nicht sichtbar. Dies stimmt mit den Beobachtungen von McClure (1897) und Bäcker (1932) überein.

Die konstante Zahl der Ganglienzellen: Seit einigen Jahren sprechen mehrere Autoren von einer konstanten Zahl der Ganglienzellen in den verschiedenen Körperteilen. Die Autoren führten ihre Untersuchungen sowohl in der Weise durch, daß sie

Embryonalstadien mit adulten verglichen, als auch in der Weise, daß verschiedene Adultstadien untereinander verglichen wurden, so SPENGEL (1882) und KÜKENTHAL (1887) an Polychaeten, HERMANN (1875), LEYDIG (1883, 1885) und APATHY (1897) an Hirudineen, ROHDE (1887, 1888) an Aphrodite und Amphioxus, ESSIG (1887) an Capitelliden, FRIEDLÄNDER (1888) an Lumbriciden, BÜRGER (1890) am Gehirn von Nemertinen und FRITSCH (1886) an der *Medulla oblongata* von *Lophius piscatorius*. GOLDSCHMIT (1908) stellte eine konstante Zahl von Ganglienzellen am Nervensystem von Ascaris fest. KUNZE (1918) nahm diese Tatsache bei Gastropoden wahr. Sie glaubte, daß sich die „Riesenzellen" im Zentralnervensystem von Helix wie die anderen Elemente des Nervensystems verhalten. ABD-EL-HAMID (1959) sprach im Zusammenhang mit einer Untersuchung an 12 Landpulmonaten von einer „Zellzahlkonstanz". In Ergänzung der Arbeit von KUNZE (1921) zählte ich alle Nervenzellen der Cerebral- und Pedalganglienhälften, was an vollständigen Serienschnitten beider Nervenzentren ermöglicht wurde. Dabei wurden auch Jungtiere untersucht. Ich kann die Tatsache der Zellzahlkonstanz bei Nervenzellen in allen Entwicklungsstadien derselben Spezies ebenfalls bestätigen.

Zusammenfassung

Es wird eine genaue Darstellung der Morphologie und Histologie des Zentralnervensystems von fünf ägyptischen Landlungenschnecken gegeben. Die Gesamtzahl der Ganglienzellen der einzelnen Zentren sowie eine getrennte Zählung der einzelnen Kerngrößentypen wird in den beiliegenden Tabellen gegeben.

Bei Jungtieren sind sowohl die Ganglienzellen als die Neuroglia viel dichter gepackt als bei Erwachsenen.

Die bindegewebige Kapsel, die die Ganglien umgibt, ist bei den Erwachsenen durchwegs stärker entwickelt als bei den Jungtieren.

Die Kerne der meist unipolaren Ganglienzellen sind in der Regel kugelig. Mitosestadien wurden nie gefunden.

Von den untersuchten Arten zeigt *Gonostoma lenticula* kein Kernwachstum während der ontogenetischen Entwicklung, während ein solches bei den vier übrigen Arten festzustellen ist.

Bemerkenswert ist die sehr gute Übereinstimmung der Zellzahlen in den Ganglien der ägyptischen und sizilianischen Population von *Stenogyra decollata* (vgl. ABD-EL-HAMID [1958] und Tabelle 1 und 2). Dies läßt darauf schließen, daß die Zahl der Ganglienzellen als Artmerkmal anzusehen ist.

Literatur

ABD-EL-HAMID, M. E.: Über Beziehungen des Baues des Nervensystems und der Sinnesorgane zur Lebensweise einiger Landpolmonaten. Diss. Univ. Wien 1958.

— Nervensystem und Sinnesorgane in ihren Beziehungen zur Lebensweise der Landpolmonaten. Anz. d. math.-naturw. Kl. d. Öst. Akad. Wiss. Jahrg. 1959, Nr. 4, S. 46—58.

APATHY, S.: Das leitende Element des Nervensystems und seine topographischen Beziehungen zu den Zellen. Mitt. d. zool. Stat. Neapel XII, 1897.

— Meine angebliche Darstellung des Ascaris-Nervensystems. Zool. Anz. Bd. XXXII, 1908.

BÄCKER, R.: Die Mikromorphologie vom Helix pomatia und einigen anderen Stylommatophoren. Ergebn. Anat. Entw. Gesch. 29, 1932.

BARGMANN, H. E.: The morphology of the central nervous system in the Gastropoda Pulmonata. Linn. Soc. J. Zool. 37, 250, 1930.

BÖHMIG, L.: Beiträge zur Kenntnis des Zentralnervensystems einiger Pulmonaten Gastropoden: Helix pom. und Limnaea stagnalis. Leipzig 1883.

BÜRGER, O.: Untersuchungen über die Anatomie und Histologie der Nemertinen. Zeitschr. f. wiss. Zool. Bd. 50, 1890.

CLARK, R. B.: The influence of the size on the structure of the brain of Nephtys. Zool. Jb. Phys. Bd. 67, Heft 2: 261—282, 1957.

MCCLURE, C.: The finer structure of the nerve cells of Invertebrates. I. Gastropoda. Zool. Jb., Abt. Morph. 11, 1897.

DOGIEL, A. S.: Der Bau der Spinalganglien des Menschen und der Säugetiere. Jena, G. Fischer, 1908.

ERHARD, H.: Studien über Nervenzellen. I. Allgemeine Größenverhältnisse, Kern, Plasma und Glia. Arch. Zellforsch. VIII, 1912.

FRIEDLÄNDER, B.: Beiträge zur Kenntnis des Zentralnervensystems von Lumbricus. F. wiss. Zool. Bd. 47, 1888.

FRITSCH, G.: Über einige bemerkenswerte Elemente des Zentralnervensystems von Lophius. Arch. f. mikrosk. Anat. Bd. 27, 1886.

GARIAEFF, W.: Zur Histologie des zentralen Nervensystems der Cephalopoden. Zeitschr. f. wiss. Zool. Bd. XCII, 1909.

GOLDSCHMIDT, R.: Das Nervensystem von Ascaris lumbricoides und megalocephala. I. Zeitschr. f. wiss. Zool. Bd. 90, 1908.

HALLER, B.: Über das Bauchmark. Jena, Z. Naturwiss. 46, 1910.

— Die Intelligenzsphären des Molluskengehirns. Arch. f. mikrosk. Anat. Bd. 81, 1913.

IHERING, H. v.: Über die Entwicklungsgeschichte von Helix. Jena, Z. Naturwiss. 9, 1875.

— Vergleichende Anatomie des Nervensystems der Mollusken. Leipzig, 1877.

KUNZE, H.: Über den Aufbau des Zentralnervensystems von Helix pomatia und die Struktur seiner Elemente. Zool. Anz. 48, 1917.

— Über das ständige Auftreten bestimmter Zellelemente im Zentralnervensystem von Helix pomatia usw. Ebendort 49, 1918.

— Zur Topographie und Histologie des Zentralnervensystems von Helix pomatia. Zeitschr. f. wiss. Zool. Bd. 118, 1921.

LEGENDRE, R.: Contribution à la connaissance de la cellule nerveuse. La cellule nerveuse d'Helix pomatia. Arch. de Zool. microsc. T. X., 1908 bis 1909.

LEYDIG, F.: Untersuchungen zur Anatomie und Histologie der Tiere. 1883.

— Zelle und Gewebe. Neue Beiträge zur Histologie des Tierkörpers. Bonn 1885.

NABIAS, DE, B.: Recherches sur le systeme nerveux des Gastéropodes Pulmonés aquatiques. Travaux labor. Soc. sc. et station zool. Arcachon 1899.

ROHDE, E.: Ganglienzelle und Neuroglia. Arch. mikrosk. Anat. 42, 1893.

— Ganglienzelle, Achsenzylinder, Punktsubstanz und Neuroglia. Ebendort 45, 1895.

SANCHEZ, D.: El sistema nervioso de los Hirudineos. Trab. del labor. de investigac. biolog. Madrid 1909.

SCHMALZ, E.: Zur Morphologie des Nervensystems von Helix pomatia L. Zeitschr. f. wiss. Zool. Bd. III, 1914.

SCHULZE, H.: Die fibrilläre Struktur der Nervenelemente bei Wirbellosen. Arch. mikrosk. Anat. 16, 1879.

SIMROTH, H.: Mollusca. In Bronn's Klassen und Ordnungen des Tierreiches. 1908—1914.

SPENGEL, J. W.: Oligognathus bonelliae, eine schmarotzende Eunicee. Mitt. d. Zool. Stat. Neapel III, 1882.

300

250
200
150
100
50
0
Cerebral-Ganglion
Pedal-Ganglion
Zahl der Nervenzellen in 1/2 des Ganglions
1 mm = 100 Zellen
Inhalt des Tieres in mm³
1 mm = 50 mm³
50
100
150
200
250

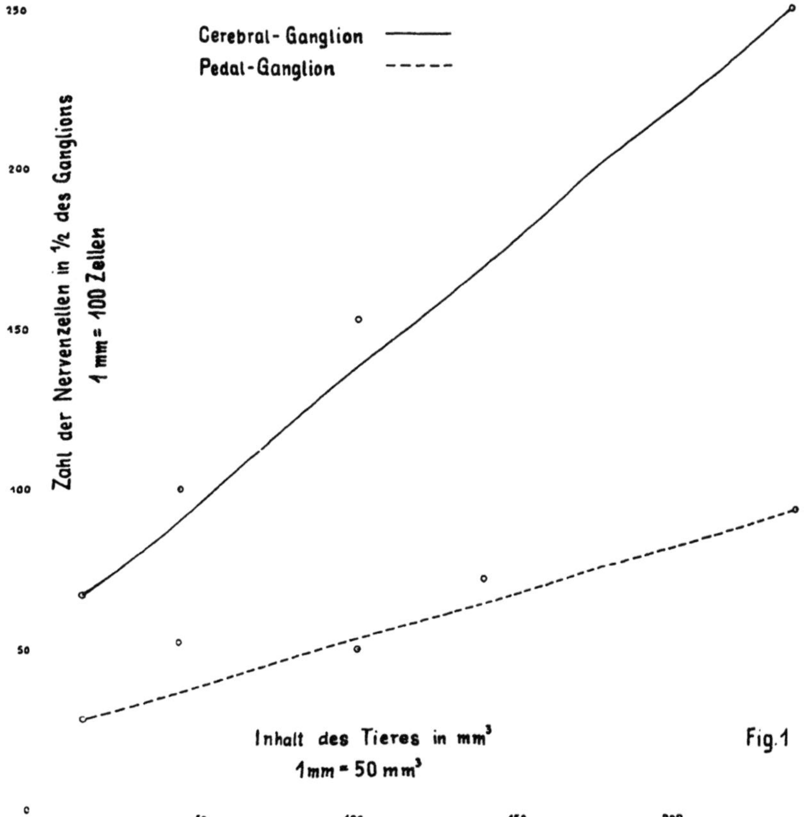

Fig. 1

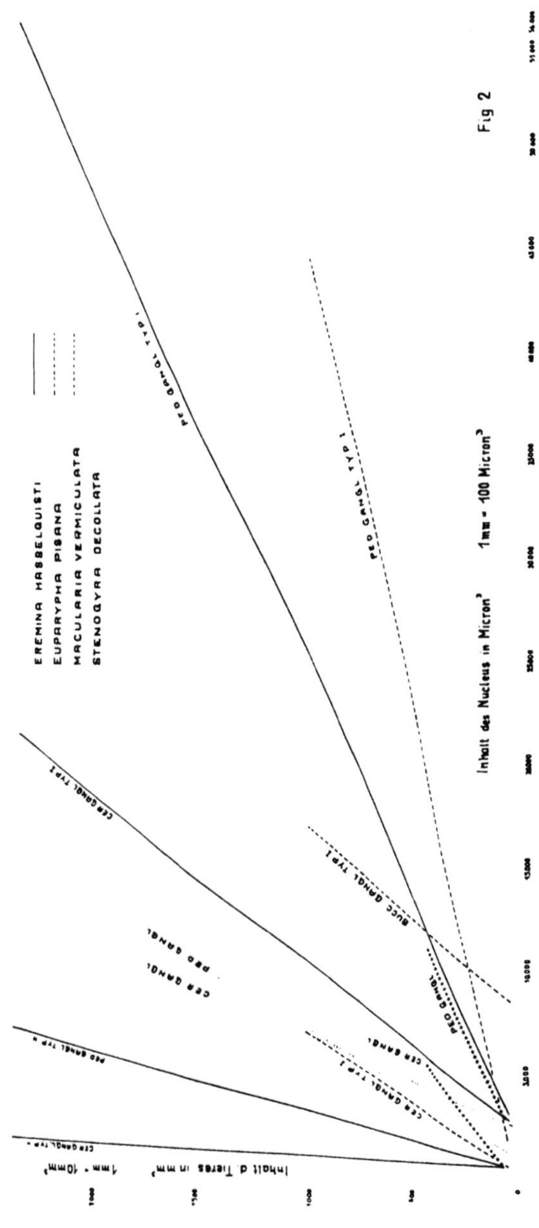
EREMINA HASSELQUISTI
EUPARYPHA PISANA
MACULARIA VERMICULATA
STENOGYRA DECOLLATA
Fig 2
Inhalt des Nucleus in Micron³ 1mm = 100 Micron³
Inhalt d. Tieres in mm³ 1mm = 10mm³
PED GANGL TYP I
CER GANGL TYP I
BUCC GANGL TYP I
PED GANGL
CER GANGL

Die in den Sitzungsberichten Abtlg. I und Abtlg. II der math.-nat. Klasse der Österr. Ak. d. Wiss. erscheinenden Abhandlungen werden auch einzeln abgegeben. Sie können durch jede Buchhandlung oder direkt durch die Auslieferungsstelle der Österreichischen Akademie der Wissenschaften (Wien I, Singerstraße 12) bezogen werden.

Nachfolgende Abhandlungen aus dem Fache **Botanik** (Biologie) sind erschienen:

1957 (S I Bd. 166):

Politis J.: Über die „Tanninoplasten" oder Gerbstoffbildner der Crassulaceae (mit 2 Textabbildungen und 1 Tafel). S 6.—
Politis J.: Über einen neuen Pflanzenfarbstoff in den Blüten einiger Verbascum-Arten (mit 2 Tafeln). S 5.20
Übeleis Ilse: Osmotischer Wert, Zucker- und Harnstoffpermeabilität einiger Diatomeen (mit 1 Textabbildung). S 30.40

1958 (S I Bd. 167):

Höfler Karl: Permeabilitätsstudien an Parenchymzellen der Blattrippe von Blechnum spicant (mit 5 Textabbildungen). S 45.—
Rechinger K. H., Dulfer H. und Patzak A.: Širjaevii fragmenta astragalogica IV. S 38.10
Url Walter: Zur Wirkung der Atmungsgifte Natriumazid und Dinitrophenol auf die Permeabilität von Blechnum spicant-Zellen (mit 3 Textabbildungen). S 25.—
Wawrik Friederike: Hochgebirgs-Kleingewässer im Arlberggebiet III (mit 3 Textabbildungen und 1 Tafel). S 18.90

1959 (S I Bd. 168):

Biebl Richard: Röntgenstrahlenwirkungen auf Commelinaceenstecklinge (Total- und Partialbestrahlungen) (mit 9 Tabellen und 5 Textabbildungen). S 31.20
Höfler Karl: Über die Gollinger Kalkmoosvereine (mit 1 Textabbildung und 1 Tafel). S 34.50
Höfler Karl und Fetzmann Elsa Leonore: Algen-Kleingesellschaften des Salzlackengebietes am Neusiedler See I (mit 1 Tafel). S 21.50
Hustedt Friedrich: Die Diatomeenflora des Salzlackengebietes im österreichischen Burgenland (mit 31 Textabbildungen und 1 Tafel). S 53.90
Luhan Maria: Zur Wurzelanatomie unserer Alpenpflanzen. IV. Compositae (mit 9 Textabbildungen und 4 Tafeln). S 36.90
Pfoser Karl: Vergleichende Versuche über Verholzungsreaktionen und Fluoreszenz (mit 2 Textabbildungen und 2 Tafeln). S 18.70
Rechinger K. H., Dulfer H. und Patzak A.: Širjaevii fragmenta astragalogica. S 29.40
Wendelberger Gustav: Die Vegetation des Neusiedler See-Gebietes. S 7.20

1960 (S I Bd. 169):

Bolay Erika: Die Vitalfärbung voller Zellsäfte und ihre cytochemische Interpretation (mit einer Textabbildung und 5 Tafeln). S 49.—
Ehrendorfer F.: Neufassung der Sektion Lepto-Galium Lange und Beschreibung neuer Arten und Kombinationen (zur Phylogenie der Gattung Galium, VII). S 12.—
Franz Gertrude: Die Mikroflora einiger Standorte im Leithagebirge in ihrer Abhängigkeit von Boden und Vegetationsdecke (mit 22 Textabbildungen). S 88.—
Pruzsinszky S.: Über Trocken- und Feuchtluftresistenz des Pollens (mit 12 Abbildungen auf 6 Tafeln). S 63.40

1961 (S I Bd. 170):

Fetzmann Elsalore, Vegetationsstudien im Tanner Moor (Mühlviertel, Oberösterreich) (mit 2 Textabbildungen und 2 Tafeln). S 170–3, S 23.–
Pruzsinszky Siegfried und Url Walter, Ein Beitrag zur Desmidiaceenflora des Lungaues. S 170–1, S 9.–
Rechinger K. H., Dufler H. und Patzak A., Širjaevii fragmenta astragalogica XIII. bis XVII. Teil. S 170–2, S 56.–

1962 (S I Bd. 171):

Niklfeld Harald, Über die Pflanzengesellschaften der Fels- und Mauerspalten Südfrankreichs (mit 1 Textabbildung und 1 Falttabelle) 171–23, S 52.–
Url Walter, Permeabilitätsversuche an Stengelepidermiszellen von Gentiana germanica und Gentiana ciliata (mit 3 Textabbildungen) 171–16, S 40.–

GPSR Compliance
The European Union's (EU) General Product Safety Regulation (GPSR) is a set of rules that requires consumer products to be safe and our obligations to ensure this.

If you have any concerns about our products, you can contact us on

ProductSafety@springernature.com

In case Publisher is established outside the EU, the EU authorized representative is:

Springer Nature Customer Service Center GmbH
Europaplatz 3
69115 Heidelberg, Germany

www.ingramcontent.com/pod-product-compliance
Ingram Content Group UK Ltd.
Pitfield, Milton Keynes, MK11 3LW, UK
UKHW021929190726
13853UKWH00002B/945

* 9 7 8 3 6 6 2 2 3 5 1 0 2 *